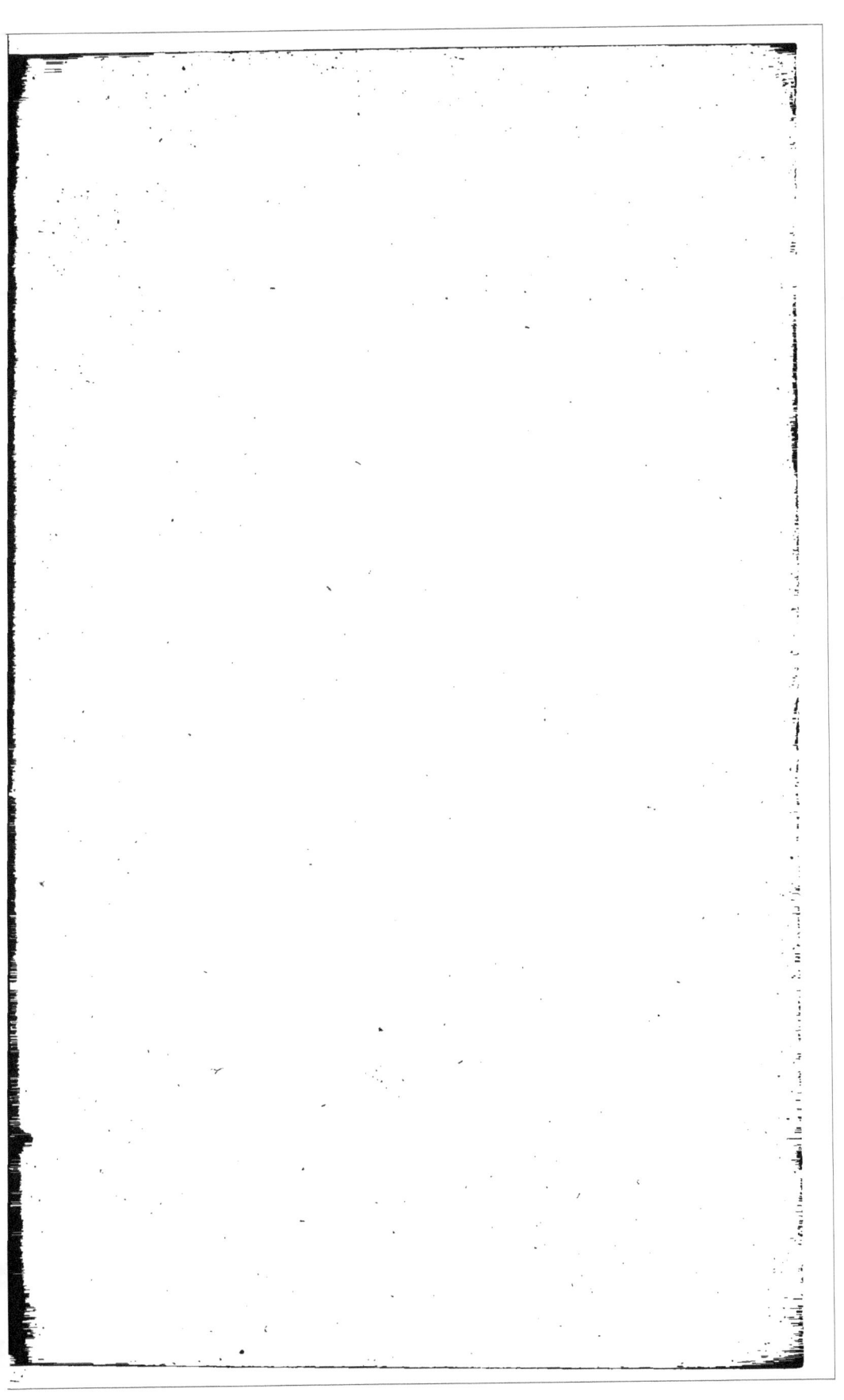

C.

EXAMEN CRITIQUE

DE LA LOI DITE DE BALANCEMENT ORGANIQUE
DANS LE RÈGNE VÉGÉTAL [1];

Par le Dr D. CLOS,

Professeur de Botanique à la Faculté des Sciences et au Jardin des plantes de Toulouse, Directeur de ce dernier Etablissement.

PARMI les lois que l'on dit régir le monde organique, il en est une qui, depuis longtemps soupçonnée, entrevue même, n'a guère été formulée que vers la fin du XVIIIe siècle ; et de nos jours encore on chercherait vainement un travail d'ensemble et de sérieuse critique sur le balancement des organes dans le règne végétal. Les divers traités de botanique citent bien, à l'appui de ce thème, *quelques* exemples *spéciaux* donnés comme pleinement démonstratifs ; mais quand la science est encombrée de faits, suffit-il d'en *choisir* arbitrairement un petit nombre pour proclamer un grand principe ? N'est-il pas indispensable de rassembler tous ceux qui lui sont ou favorables ou contraires, de les discuter, de les peser, en vue d'en dégager la loi si elle existe, et, dans ce cas même, d'établir le degré d'extension qu'il convient de lui assigner ? Supposez la fondée, elle tiendra sous sa dépendance l'universalité des phénomènes généraux à l'aide desquels on cherche à expliquer les dispositions exceptionnelles des organes végétatifs et floraux : *hypertrophie, atrophie* et *avortement, dédoublement* et *multiplication, partitions anormales,* etc., etc. Quel problème pourrait offrir plus d'importance et d'attrait en philosophie botanique ?

Après avoir, en quelques mots, tracé l'historique et montré les difficultés d'interprétation de la loi, je passerai suc-

---

(1) Lu à l'Académie des Sciences de Toulouse, le 10 mars 1864, et extrait de ses Mémoires, 6e série, t. III, pag. 81-127.

cessivement en revue les manifestations vitales et les dispositions organiques qui plaident en sa faveur ou contre elle, afin
d'en déduire, s'il y a lieu, quelque conclusion générale.

CHAPITRE Ier. — **Historique.**

Un naturaliste philosophe, Bonnet, de Genève, écrivait
vers le milieu du siècle dernier : « La multiplication est en
raison de la destruction, la défense est proportionnelle à l'at-
taque, la ruse s'oppose à la ruse, la force combat la force,
la vie balance la mort. » (*Principes philos.*, part. VIII, ch. IV.)
Mais bientôt Gœthe fut autrement explicite. Croyant avoir découvert dans la comparaison des verticilles floraux un phénomène alternatif d'expansion et de contraction, il traduisit ses
idées par cette phrase figurative : «Le total général au budget de
la nature est fixé ; mais elle est libre d'affecter les sommes par-
tielles à telle dépense qu'il lui plaît.» (*OEuvres d'hist. nat.*, tra-
duites par M. Martins, p. 30.) Quelques années après (en 1807),
Étienne Geoffroy-Saint-Hilaire écrivait, dans son Mémoire sur
les pièces de la tête osseuse des animaux vertébrés : « S'il arrive qu'un organe prenne un accroissement extraordinaire,
l'influence en devient sensible sur les parties voisines, qui
dès lors ne parviennent plus à leur état habituel... Elles deviennent comme autant de rudiments qui témoignent, en quelque sorte, de la permanence du plan général. » Et ailleurs :
«Un organe normal et pathologique n'acquiert jamais une pros-
périté extraordinaire qu'un autre de son système ou de ses relations n'en souffre dans une même raison. » Aux yeux de ce profond zoologiste, il y a pour chaque organe un maximum et
un minimum de développement, et nul organe ne passe brusquement de l'un de ces états à l'autre : à plus forte raison,
aucun organe ne disparaît jamais brusquement. La loi de *développement* se trouve intimement liée à la loi de *complication*
ou de *compensation*. (*Philosophie anat.*)

En 1813, dans un livre fondamental, la *Théorie élémen-
taire de la botanique*, de Candolle signale la loi d'équilibre
des organes (1re édit., §§ 71 et 73), en citant à l'appui un

certain nombre de faits. On lit dans cet ouvrage, p. 145 : « Je suis fortement disposé à croire qu'il n'y a jamais irrégularité dans un système de la fleur sans qu'elle se fasse plus ou moins sentir sur tous les autres. » Trois ans après, Henri de Cassini confirmait cette loi, en dévoilant l'influence que l'avortement des étamines paraît exercer sur le périanthe. (in *Bullet. Société philom.* pour 1816, p. 58.)

Turpin écrivait en 1820 : « Le système de balancement dans le développement des organes des êtres vivants, établi par M. Geoffroy Saint-Hilaire, est une idée mère qui me paraît avoir de grands rapports avec celle du système des compensations de M. Azaïs. L'un et l'autre sont applicables au physique et au moral. » (*Iconogr.*, p. 13.) En 1824, M. Serres apporte un grand appui à ce principe, montrant que chez les vertébrés, chaque classe se fait remarquer par la prédominance d'une ou de plusieurs parties de l'encéphale, chaque élément fondamental étant tour à tour dominateur ou dominé. (*Anat. du cerveau*, LXVIII.) Deux ans plus tard, Moquin-Tandon, dans son *Essai sur les dédoublements*, adopte et applique le principe du balancement organique ; et en 1828, ce même naturaliste et Auguste de Saint-Hilaire montrent que dans la fleur des Polygalées les plus irrégulières, le défaut de développement des pièces d'un verticille semble compensé par un développement plus considérable dans les parties les plus voisines du verticille inférieur ou supérieur, et ils ajoutent : « Cette remarque ne semble-t-elle pas rappeler une loi qui a été proclamée pour la zoologie, par un célèbre professeur ? » Moquin revient, cinq ans après, sur ce sujet, dans son *Mémoire sur les irrégularités des corolles.* (Voy. *Ann. des Scienc. nat.*, 1re série, t. XXVII, p. 239.) En 1835, M. Alph. de Candolle écrivait : « Dès qu'un organe, par une cause quelconque, a pris plus de développement que de coutume, les organes les plus voisins en souffrent et restent plus petits » (*Introd. à la bot.*, t. I, p. 510) ; et tout récemment encore, ce savant n'était pas moins explicite dans cette phrase : « On pourrait ajouter que, *par une loi connue de balancement des orga-*

nes et des fonctions, lorsqu'une modification utile existe sur un point de l'être, il en résulte une modification en sens contraire sur un autre point.» (*Etude sur l'espèce*, p. 62, extrait de la Bibl. univ. de Genèv., nov. 1862.)

En 1837, M. Chatin énonce, devant l'Institut, « que la loi de balancement des organes proclamée par Geoffroy Saint-Hilaire, ne peut pas plus être contestée en botanique qu'en zoologie » (*Comptes rendus de l'Inst.*, t. IV, p. 593.) Enfin, MM. Lecoq (*Géogr. bot. de l'Eur.*, t. II, p. 136); Planchon et Triana (*Sur les Bractées des Marcgraviacées*, p. 9) ; Martins (in *Revue des Deux-Mondes* du 15 juin 1862); Darwin (*Sur l'origine des espèces*, trad. fr., p. 214), se sont nettement prononcés en faveur d'un principe que, seuls, de Blainville et Maupied n'ont pas hésité à taxer de fausseté. «Ce principe est faux, disent ces auteurs, car dans les singes, par exemple, les uns n'ont point de queue, et les autres en ont une très-longue. Dans ces derniers, il faudra donc retrancher de quelque autre partie pour que le budget ne soit pas dépassé. Mais d'où retranchera-t-on ? Il en est de même dans la chauve-souris. » (*Histoire des scienc. de l'organisation*, t. III, p. 491.) Ces paroles ne semblent-elles pas indiquer que, même en zoologie, la question mériterait une sérieuse discussion ?

D'où vient donc qu'aucun travail spécial n'ait été publié à cet égard, et que ce mot de *balancement*, s'il traduit une des lois les plus générales du monde organique, ne soit pas même inscrit dans les Dictionnaires de Botanique les plus récents (celui de M. Germain de Saint-Pierre excepté, p. 410)? N'aurait-on pas reculé devant l'immensité des faits qu'il conviendrait de recueillir, d'apprécier et de comparer ? Et, à vrai dire, peu de sujets offrent d'aussi vagues limites ; car, dans ce tourbillon sans fin où se meut la matière organique, on a toujours en présence des phénomènes d'hypertrophie et d'atrophie. Sans nul doute les quelques lignes du présent écrit ne sont qu'une ébauche, et ne réunissent qu'une faible partie des faits connus de ce genre ; mais elles serviront peut-être de point de départ et de premier document pour des études ulté-

rieures , et c'est le seul motif qui les ait dictées. Pourra-t-on ,
un jour , déterminer, pour chaque cas , lequel de ces deux
phénomènes , hypertrophie et atrophie, est cause et lequel
est effet? De Candolle s'est bercé de cet espoir (voir sa *Théor.
élém. de bot.*, 1re édit. , p. 109); un demi-siècle s'est écoulé
depuis , et l'épreuve n'est guère en sa faveur.

CHAPITRE II. — **Difficultés d'application de la loi dite de balancement.**

Ces difficultés consistent, d'une part , dans l'interprétation
des phénomènes ; de l'autre , dans le rapport de la loi de balancement avec la loi de variété.

1° *Interprétation des phénomènes.* — L'atrophie , parfois
poussée jusqu'à l'avortement complet , et considérée dans ses
relations avec l'hypertrophie , tel est le thème qui doit servir
de base à cette grande question du balancement organique.
A vrai dire , partout où l'on peut constater une irrégularité ,
on est en droit de se demander s'il n'y a pas lieu de l'appliquer.
Mais déjà , dès le début , les difficultés surgissent.

Après qu'on eut reconnu , comme fait presque général ,
l'alternance des verticilles floraux , Auguste de Saint-Hilaire
et la plupart des morphologistes avec lui n'hésitèrent pas à
proclamer que l'opposition de deux de ces verticilles successifs
ne peut s'expliquer que par le dédoublement de l'extérieur ou
par l'avortement du verticille intermédiaire. Et voilà que ce
principe a été , dans ces derniers temps , implicitement com-
battu par Schacht : « Je ne puis admettre , dit ce Botaniste ,
l'avortement de tout un verticille ou d'un organe que là où
l'on en retrouve le rudiment ou l'ébauche, ou tout au moins
que l'on constate avec certitude la place vide laissée par les
organes qui manquent. Or , dans la Betterave, le *Manglesia,*
l'*Hakea ,* on n'aperçoit pas , ajoute-t-il , le rudiment d'un
verticille staminal atrophié , qui serait situé entre le périgone
et l'androcée. » (*Les Arbres,* trad. franç , p. 305.)

De Candolle et plusieurs phytologistes après lui ont attri-
bué à un avortement les cas où le nombre des pièces des

verticilles staminaux et carpellaires est moindre que celui des verticilles qui les précèdent, tandis que M. Schimper y voit l'introduction dans la fleur d'une nouvelle formule phyllotaxique (in *Flora oder Botan. Zeit.* pour 1835, p. 178).

Les soudures viennent souvent encore masquer le phénomène de balancement. « Il est commun, dit Isidore Bourdon, que deux organes ne se fondent entre eux qu'en conséquence qu'une autre partie ne s'est pas accrue. » (*Princ. de physiol.*, p. 426.) Et, en effet, dans le *Delphinium Ajacis*, les pétales sont fréquemment soudés en un seul.

Ainsi, la théorie des avortements et des soudures, si féconde aux mains de qui la manie sagement, peut devenir, en l'absence de cette condition, ou dangereuse ou perfide.

Bien plus, l'avortement des organes peut être concomitant soit de l'élargissement, soit de la multiplication des organes voisins, et quelquefois même ne donner lieu à aucun de ces phénomènes.

2° *Rapports de la loi de balancement avec la loi de variété.* — Dans les Acacias de la Nouvelle-Hollande, on voit en général l'avortement des folioles de la feuille composée coïncider avec une dilatation du pétiole qui passe à l'état de phyllode. Mais deux autres Légumineuses, le *Lebeckia nuda* et l'*Indigofera juncea*, ont des feuilles réduites au pétiole non dilaté. Dira-t-on que, dans ces cas, la loi de balancement est en défaut? Sans doute, la plupart des feuilles sont composées de trois parties (gaîne, pétiole, limbe), ou tout au moins de deux (pétiole et limbe) : mais il y aurait témérité à prétendre que l'absence d'une ou de deux d'entre elles est liée à un avortement ; car pourquoi rapporter toutes les feuilles à un même type, type admis en vertu d'une convention? La loi de variété veut, au contraire, que ces trois éléments soient employés tantôt simultanément et tantôt isolés, afin de produire ce nombre infini de formes qui témoignent à un si haut degré de la puissance du Créateur. Et voilà pourquoi, à part certains cas où la relation des deux phénomènes inverses est évidente, tout est vague et difficile en un pareil sujet ; l'erreur y coudoie sans cesse la vérité. Tel rapport, en apparence bien légitime à un premier examen, peut ne pas exister réellement, et là plus qu'ailleurs la théorie des causes finales risque de s'exercer sans grand profit pour la science ; là plus qu'ailleurs, le naturaliste doit presque se borner à soulever des problèmes, à effleurer des solutions. En essayant d'écarter un coin du voile qui recouvre ce vaste champ d'études, j'ai dû faire ces réserves, non assurément pour me mettre à l'abri de la critique, mais bien pour prévenir que la nature de ce travail ne comporte pas ce degré de précision qui, de nos jours, est justement exigé dans des recherches d'un autre ordre.

Si je me fais une idée juste du programme de la question, il faudrait l'envisager dans ses rapports avec la physiologie générale, passer successivement en revue les organes élémentaires et les organes composés considérés à l'état normal et à l'état tératologique et nosologique, puis faire l'application de la loi à la classification et à ses divers degrés, ainsi qu'à la dispersion des végétaux à la surface du globe. Mais ce cadre est trop vaste pour pouvoir être ici convenablement traité dans toute son extension ; et, négligeant à dessein la seconde partie, j'aurai principalement en vue, dans ce travail, le balancement des organes composés.

CHAPITRE III.— **De quelques aperçus ou phénomènes généraux en rapport avec la loi de balancement**.

Je crois superflu de rappeler ces hautes considérations sur la statique des êtres organisés, qui, exposées avec tant d'autorité par un des plus éminents chimistes de notre époque, concluent à un merveilleux équilibre entre les deux règnes organiques. Toutefois, il est quelques propositions de physiologie générale afférentes au balancement organique qu'il convient de placer au début de cet écrit.

§ Ier. — *De l'existence des espèces ou des variétés.*

Puvis et plus récemment M. Darwin se sont attachés à dévoiler entre les forces de destruction et de création de tous les êtres une sorte de balancement. « Quelques espèces, dit Puvis, peuvent disparaître (Cytise et Dictame des anciens), quelques autres peuvent être créées ; mais tout cela sur une très-petite échelle. » (*De la dégénér. et de l'extinct. des variétés.*) « L'équilibre des forces, énonce à son tour M. Darwin, est si parfaitement balancé dans le cours des temps, que l'aspect de la nature demeure le même pendant de longues périodes, bien qu'il suffise souvent d'un rien pour donner la victoire à un être organisé au lieu d'un autre. »

Aux yeux de cet auteur, la concurrence vitale anéantit le plus grand nombre d'individus possible : mais cet inconvénient est amplement racheté par ce fait que les forts seuls résistent, l'élection ou sélection naturelle mettant tout à profit pour améliorer certains individus. (*loc. cit.* p. 106.)

En général, plus une espèce donne prise aux agents de destruction, et plus elle est féconde en moyens de multiplication. En général aussi, la diminution dans l'intensité vitale est fréquemment accusée par l'envahissement soit de parasites végétaux, soit de nombreux animalcules.

Dans tous les représentants du règne organique, la ténacité de la vie paraît être en raison inverse du luxe de ses phénomènes. Mais, par suite de la simplicité plus grande de l'organisation végétale, la différence entre les êtres supérieurs et inférieurs est moins tranchée dans les plantes.

A un autre point de vue, la loi de balancement est la sauvegarde des espèces ou du type spécifique. Les formes sont toutes soumises à une force centrifuge qui, si elle les fait s'écarter du type primitif, se trouve balancée par d'autres, et en particulier par la force d'atavisme, ce qui prévient la confusion et empêche que la nature ne tombe dans le fantastique. Par elle, l'essence même de l'espèce reste à peu près immuable, du moins pour la période historique. Toutefois, la stabilité des formes dans un groupe quelconque de végétaux paraît être en raison inverse du nombre d'espèces qu'il contient, les variétés par excès ou par défaut ne pouvant dépasser une limite assignée à l'avance à chaque espèce.

— 9 —

Van Mons et Puvis après lui, admettent que la vie des
variétés va décroissant en proportion de leur perfection-
nement en qualité. « Il me semble, ajoute ce dernier, que
les arbres se rapetissent diminuant de durée et de vigueur à
mesure qu'ils produisent des fruits plus gros, plus abondants
et de meilleure qualité » (*loc. cit.*).

Un horticulteur écrivait à propos de ses Reines Margue-
rites : « Plus les fleurs de mes variétés se perfectionnent, plus
les graines qu'elles produisent sont d'une constitution imparfaite, et plus elles deviennent rares » (in *Rev. hort.* pour
1852, p. 253).

§ 2. — *Du développement des êtres ou de leurs parties.*

La durée de la vie est généralement en raison inverse de la
rapidité du développement : telles la plupart des Cucur-
bitacés, la Mercuriale et plusieurs espèces de Véroniques an-
nuelles, le *Draba verna*, l'*Arabis Thaliana*, le *Saxifraga
tridactylites* et surtout les organes sporifères des Champignons.
De même plus la vie de la cellule est active (utricules de la
moelle, zoospores, si tant est qu'ils soient des cellules) et
plus elle est courte.

Si la greffe détermine la précocité, elle avance aussi le
terme de la caducité de l'arbre. On a même dit, mais cette
opinion est combattue par MM. Decaisne et Laujoulet, qu'elle
contribue à la dégénérescence des arbres fruitiers.

Le développement des boutures est souvent plus rapide que
celui des plantes nées de graines ; mais les premières n'acquièrent pas en général une si grande élévation que les secondes, et portent des graines ou bien moins nourries ou même
infécondes.

Qui ne sait avec quelle vigueur poussent les rameaux stériles dits *gourmands* des rosiers, des ronces, du Jujubier,
du *Shepherdia reflexa*, etc. ?

Les organes stériles provenant de la transformation d'autres
organes, ont parfois un développement extrêmement rapide :
tels les vrilles des Ampélidées, les épines des *Gleditschia*, etc.

On voit souvent se dilater les organes ou parties d'organes dont l'essence est d'être florifères, mais qui sont devenus stériles : tels la massue des *Arum*, les pédoncules foliiformes du *Danae racemosa* et du *Myrsiphyllum asparagoides*; telle encore la prétendue bractée, soudée au pédoncule du Tilleul, et qui représente, à mon sens, un pédoncule se partageant au sommet en une branche fertile et une stérile foliiforme. (Voir mon Mém. s. les *Cladodes*, dans ce Recueil, 5ᵉ sér. t. v, p. 82-84.)

Des deux frondes que porte ordinairement chaque pied de *Lemna minor*, l'une est grande, réniforme, mais stérile ; l'autre arrondie, très-petite, fertile, et se détache en portant le fruit (Mœnder).

Les environs de Bordeaux offrent une variété de *Sagittaria sagittæfolia* à feuilles gigantesques, mais la plante est stérile.

La suppression ou l'avortement des bourgeons latéraux d'un arbre détermine un allongement considérable et rapide de sa flèche (Peuplier d'Italie, Ricin); le retranchement de celle-ci ou du bourgeon terminal produit l'élongation soit de bourgeons axillaires qui sans cela seraient restés inactifs, soit de germes adventifs (Saule blanc en têtard). Il est aussi bien reconnu que l'effeuillaison (notamment chez les Mûriers) a pour effet le développement prématuré en branches des bourgeons axillaires, l'arbre donnant ainsi deux générations de branches en un an.

On peut constater de semblables rapports de balancement entre les phénomènes de végétation et de reproduction.

L'arbre fruitier, par exemple, nous montre entre la vigueur et la production, entre le principe de vie et le principe de mort, une sorte d'antagonisme, de lutte constante, qui, selon l'expression de M. Laujoulet, peut être considérée comme le drame même de l'existence de l'arbre. La fertilité de ses branches est souvent en raison inverse de leur affaiblissement.

Bosc a écrit qu'il suffit d'enlever en mai les feuilles aux Figuiers, pour déterminer de leur part une abondante production de fruits en automne. Ces arbres sont bifères. Chez ceux dont la végétation est précoce, les premiers fruits tombent avant maturité, la séve étant détournée au profit des branches et des feuilles ; mais aussi la récolte d'automne est plus abondante. Les bourgeons de ces arbres naissent souvent géminés, et les cultivateurs d'Argenteuil ont l'habitude d'enlever un des deux, celui qui se serait développé en scion, afin d'accroître le volume de la figue naissante. — On connaît anssi l'intermittence dans la production des fruits chez les arbres à pépins.

Risso et Poiteau citent un Oranger produisant alternativement chaque année de cinq à six mille fruits sur une moitié de sa tête, et une centaine sur l'autre.

M. Van den Born a pu faire fructifier le Lis blanc et la Ficaire en enlevant au premier les écailles du bulbe, à la seconde ses petits tubercules basilaires (in *Belg. hortic.* de 1863, p. 226).

On a constaté que dans les années où les chênes ou les hêtres donnent du fruit en abondance, l'épaisseur des couches ligneuses est diminuée.

La plupart des végétaux cultivés dont on a forcé la production en sucre ou en fécule ne fleurissent pas (Canne à sucre), ou contractent des maladies (Pomme de terre, d'après M. Alph. de Candolle).

Est-ce parce que les Oxalis du Cap, si florifères dans nos serres, portent de nombreux tubercules qu'ils ne donnent pas de graines fertiles, comme le veut Vaucher, ou bien cette stérilité tient-elle à l'absence des insectes fécondateurs de la mère-patrie?

Les trois formes distinctes reconnues par M. Fabre chez l'*Himantoglossum hircinum*, et ayant chacune un rôle spécial, la *florale*, la *multiplicatrice* (laquelle ne produit que des bulbes basilaires et point de fleurs), et la *disséminatrice*, témoignent d'un balancement de fonctions.

Enfin faut-il admettre, avec M. Karsten, que les modes de fructification sont d'autant plus variés que la structure des organes végétatifs est plus simple? (in *Annal. Sc. nat.*, 4ᵉ sér., 7ᵉ année.)

§ 3. — *Du nombre des parties.*

Le nombre des parties est d'autant plus fixe qu'il est moindre.

M. Karsten a énoncé que le nombre des embryons produit par chaque fructification est d'autant plus grand dans les organismes que ceux-ci sont d'une structure plus simple (*loc. cit.*).

La *multiplication* des parties est un signe de dégradation organique ; leur *multiplicité* (comprenant le nombre et la variété) dénote au contraire une localisation fonctionnelle poussée plus loin, et par conséquent un degré supérieur d'organisation. (Chatin.)

Les *Glaux*, les *Montia*, les *Callitriche*, les *Suaeda*, les *Zannichellia*, etc., ont de très-nombreuses tiges, des feuilles et des fleurs très-multipliées, mais ces fleurs sont d'une extrême simplicité. C'est en vertu du même principe que la plupart des Botanistes modernes, en opposition avec les idées de De Candolle et d'Aug. de Saint-Hilaire, considèrent les monopétales comme supérieures en organisation aux polypétales où le même organe est souvent très-multiplié. Mais si la soudure limitée des parties florales implique un degré de supériorité, elle acquiert une tout autre signification quand elle les embrasse toutes, ce qui a fait dire à M. Chatin : « La dégradation organique peut résulter d'un excès aussi bien que d'un arrêt de développement. »

La soudure accidentelle des organes est souvent accompagnée d'une réduction de nombre. Deux embryons dicotylés lorsqu'ils sont connés n'ont en général que trois cotylédons. Des Synanthies se compliquent aussi d'avortements ; on l'a constaté sur des espèces des genres Pervenche (De Candolle, Adr. de Jussieu), *Antirrhinum* (Choisy, Engelmann), Lilas (Chavannes), Pétunia (Martins), etc., etc.

CHAPITRE IV. — **Loi de balancement appliquée à la sexualité.**

Girou de Buzareingues a distingué dans les plantes deux vies ; l'une *extérieure*, qui préside aux évolutions de ses cou-

— 13 —

ches superficielles, l'autre *intérieure* pour les couches profondes; et il admet entre elles une sorte de balancement, la première dominant dans les plantes mâles, la seconde dans celles de l'autre sexe (in *Annal. Sci. nat.* 1ʳᵉ sér., t. xxiv, p. 157).

On sait que M. Darwin admet la tendance à la séparation des sexes; il semble au premier abord que cette tendance soit défavorable à la fécondation; mais, d'après l'auteur anglais, elle lui est au contraire favorable en ce qu'elle rentre dans la loi de la division du travail. Toutefois, M. de Mohl s'est attaché à combattre cette opinion que la nature favorise la fécondation par le pollen d'une autre fleur au détriment de celui de la propre fleur de la plante (in *Bot. Zeit.* pour 1863, p. 309 et 321.)

Les propositions suivantes témoignent en faveur de la loi de balancement :

1° *Dans les plantes dioïques le nombre des pieds mâles est en général plus grand que celui des femelles;* mais, en revanche, ceux-ci semblent avoir plus d'importance.

2° *Dans les diclines il y a plus de fleurs mâles que de fleurs femelles;* et l'unisexualité des fleurs entraîne souvent la multiplication de celui des organes sexuels qui persiste. Ainsi s'explique le grand nombre d'étamines des fleurs mâles de la Sagittaire (comparées à celles de l'Alisma hermaphrodite et hexandre) et de plusieurs genres de Palmiers.— La famille des Ebénacées est instructive à cet égard : Dans les *Diospyros* la fleur mâle a un rudiment de pistil et de 8 à 50 (ordinairement 16) étamines fertiles, tandis que la fleur femelle n'a ordinairement que 8 étamines à anthères sessiles. Le *Rospidios* a 12 étamines fertiles aux mâles et 4 seulement (stériles) aux femelles; enfin dans le genre *Euclea*, les fleurs femelles sont entièrement dépourvues d'étamines.

Citons encore le fameux Pommier de Saint-Valery, qui réduit aux fleurs femelles, offrait, selon Héricart de Thury, un rang inférieur de 5 loges et un supérieur de 9.

3° *L'importance de l'appareil femelle semble contrebalancée par plus de luxe dans la fleur mâle.* A l'appui de cette proposition qu'il me soit permis de rappeler ici quelques-uns des résultats que m'a fournis la comparaison des sexes dans les plantes (1).

a. La coloration est souvent plus prononcée dans les fleurs mâles que dans les femelles (ce que montrent surtout les Palmiers); *b.* quand des deux sexes un seul est privé d'enveloppe florale, celle-ci appartient à la fleur mâle (*Atriplex*, *Betula*, *Najas*, *Antiaris*, *Urtica nivea*); *c.* dans les groupes des Urticinées, le périanthe est souvent mieux conformé dans les fleurs mâles que dans les femelles; *d.* lorsque dans les plantes diclines, l'un des sexes est accompagné d'une seule enveloppe florale et que l'autre est dipérianthé, le périgone est spécial aux fleurs mâles.

Dans les Cistinées, les Violariées, les Malpighiacées et les Légumineuses, on trouve des fleurs incomplètes privées de corolle et même parfois de calice, mais plus propres à porter des graines que les fleurs plus brillantes et plus parfaites des mêmes espèces. Dans l'*Amphicarpœa* les fleurs corollées sont rarement fertiles, et dans le *Voandzeia* elles sont absolument stériles.

4° *L'imperfection de l'appareil sexuel est aussi en rapport avec les organes de végétation.* — Si les plantes Hybrides produisent peu ou point de graines, si elles se perdent après quelques générations, elles ont en retour le privilége d'être plus robustes; et dans les *Sempervivum*, d'après M. Lamotte, les rosettes se multiplient et fleurissent beaucoup plus chez les Hybrides, que chez les espèces légitimes.

M. Wesmael a vu le tubercule bulbiforme du *Ranunculus bulbosus* ne donner naissance qu'à une ou deux tiges, tandis que l'Hybride des *R. acris* et *bulbosus* émet de 5 à 7 tiges, mais reste stérile (in *L'Institut* du 21 janvier 1863, p. 21).

---

(1) V. *Mémoires de l'Académie des Sciences Inscriptions et Belles-Lettres de Toulouse*, 4ᵉ série, tome IV, pag. 314 et suiv. *Dissertation sur l'influence qu'exerce dans les plantes la différence des sexes, suivie de la distinction des deux sortes de diclinismes.*

L'absence de sexe à la fleur centrale de la Carotte se lie à une coloration plus intense, et la neutralité des fleurs doubles leur vaut une plus longue durée.

M. le Dr Messer dit avoir constaté que la castration ni trop hâtive, ni trop tardive des fleurs du *Cheiranthus annuus*, a pour effet de diminuer le nombre des graines, mais aussi de faire donner à celles qui restent des pieds à fleurs doubles (in *Annal. de Fromont*, de 1833.)

CHAPITRE V. — De la loi de balancement considérée dans les organes.

I. — ORGANES ÉLÉMENTAIRES.

Il conviendrait de traiter d'abord des *organes élémentaires*. Je sais que l'on pourrait faire ressortir la différence de grandeur de certaines cellules (les plus grosses contenant soit des raphides, soit dans les Urticées des cristaux en lustre) comparées aux cellules voisines. On pourrait dire encore que les cellules des stomates sont en général d'autant plus grandes que le nombre de ces petits appareils est plus petit; que si les plantes aquatiques ont de vastes lacunes aérifères, elles sont souvent dépourvues ou très-médiocrement pourvues de vaisseaux; enfin, que si les Conifères n'ont à proprement parler ni fibres, ni vaisseaux, elles possèdent un élément anatomique intermédiaire entre les deux, et qui est chez elles très-multiplié.

Mais je ne crois pas utile de développer les applications de la loi aux organes élémentaires, car là elles sont peu susceptibles de précision, et là plus qu'ailleurs, l'hypothèse ou peut-être même l'erreur pourrait occuper la place de la vérité. Occupons-nous donc des *organes composés*.

II. — ORGANES COMPOSÉS.

§ 1. — *Faits en faveur de la loi de balancement.*

Je passerai successivement en revue l'embryon et ses organes, le végétal adulte et ses principales parties, les appareils de nutrition et de reproduction considérés isolément et dans leurs rapports réciproques.

A. Organes végétatifs.

a. Embryon — *Entre l'embryon et l'albumen.* On constate fréquemment un rapport inverse de volume entre l'albumen d'une part et l'embryon ou plus spécialement les cotylédons de l'autre. Les Papavéracées, les Renonculacées, les Anonacées, les Palmiers, etc. aux graines périspermées, font, sous ce rapport, un vrai contraste avec les Légumineuses, les Acérinées, les Hippocastanées, les Cucurbitacées, les Juglandées, les Amygdalées, etc., exalbuminées et à gros cotylédons.

Des cotylédons : Les Conifères ont des cotylédons grêles et étroits, mais en général ou profondément divisés (Duchartre), ou très-nombreux (Schacht).

Quelquefois un des cotylédons étant très-développé, l'autre reste rudimentaire (*Hiræa Salzmanniana*). Mais un exemple plus frappant encore est fourni par les *Streptocarpus* où toutes les feuilles sont réduites à deux cotylédons, l'un très-grand foliiforme, l'autre tout petit.

Entre le collet et les cotylédons : Il est des embryons macropodes, c'est-à-dire chez lesquels le collet (partie axile sous-cotylédonaire) prend un très-grand accroissement, et c'est presque toujours aux dépens des cotylédons avortés ou rudimentaires ; on en trouve de nombreux exemples : 1° chez les Dicotylés où le collet est ou renflé (*Lecythis*, *Pekea*, plusieurs Clusiacées et *Mammillaria*), ou très-long (Cuscute) (1) ; 2° chez les Monocotylés où le *Ruppia* et les Orchidées nous offrent des collets énormes avec atrophie du cotylédon, tandis que ce dernier organe très-accru et en forme d'éteignoir dans les *Triglochin*, les *Pothos*, les *Ouvirandra*, réduit le collet à des dimensions moindres.

Est-ce l'avortement des cotylédons ou de l'axe primaire, ou de ces deux sortes d'organes qui, chez le *Lecythis* germant, détermine la production simultanée à partir du collet de deux axes géminés ascendants?

---

(1) M. Chatin s'est prononcé en faveur de l'opinion des Botanistes qui refusent aux espèces de ce genre des cotylédons. (Voy. *Anat. comp.* p. 2.)

Entre les cotylédons et les feuilles : Le plus bel exemple de cette corrélation est fourni par ce curieux *Welwitschia mirabilis*, découvert récemment au Cap Negro, et dont tout le système foliaire est réduit à deux immenses feuilles.

b. Collet. — *Entre le collet et les tiges* : Voyez les *Cyclamen* et les *Pelargonium* à tubercule (formé par le collet) où cet organe s'accroît démesurément. Ils émettent un bouquet de feuilles et quelques pédoncules nus représentant les axes aériens. — Voyez aussi combien sont grêles les tiges de plusieurs espèces de *Bunium* et de *Corydalis* pourvus de tubercules (1).

c. Racine : Le pivot des Dicotylédones ne se trouve-t-il pas compensé chez les Monocotylés par ce grand nombre de racines adventives qui a fait qualifier de fibreuses les racines des plantes de ce dernier embranchement? La destruction du pivot chez les premières est souvent aussi remplacée par de nombreux filaments de seconde génération. Enfin la disposition de certaines racines à devenir grosses et charnues (Navet, Carotte, Betterave, Radis, etc.) semble contrebalancée par la petitesse et parfois aussi par une diminution de nombre des radicelles.

Entre les racines et les tiges : Plusieurs espèces appartenant à des familles diverses (*Geranium radicatum* Lap. *Trifolium alpinum* L., etc.), ont avec de fortes et longues racines des tiges courtes.

d. Bourgeons : L'avortement du bourgeon terminal de la tige et de ses branches dans *Salix Caprea* et *alba*, *Ulmus campestris*, *Carpinus Betulus*, *Corylus Avellana*, *Tilia europœa*, *Staphylea pinnata*, *Philadelphus coronarius*, *Syringa vulgaris*, etc., est remplacé, soit par un bourgeon latéral dans les plantes à feuilles alternes, soit par deux bourgeons latéraux si les feuilles sont opposées. Par opposition, dans *Cerasus vulgaris* et *Fagus sylvatica*, le bourgeon terminal végète avec vigueur, tandis que le latéral né à sa base avorte (Cassini, *Opusc. phytol.*, p. 492).

_____

(1) Le tubercule de ces plantes est le collet.

2

e. TIGES : Les Palmiers dont la tige reste grêle sont peut-être ceux qui acquièrent le plus de longueur, donnant les cannes connues sous le nom de joncs.

Entre la tige et les bourgeons : Là où les axes des bourgeons ne s'allongent pas, les embryons sont extrêmement nombreux et développent des feuilles d'apparence fasciculée (Conifères, *Berberis,* plusieurs espèces de Lycium, Chou de Bruxelles). Dans le Chou-rave la tige se développe en tubercule à la base en même temps que les bourgeons avortent.

Entre la tige et les rameaux : La Cuscute, le *Muehlenbeckia complexa* et plusieurs autres plantes offrent un exemple de cette loi que les rameaux sont d'autant plus multipliés qu'ils sont plus grêles.

Entre la tige ou les rameaux et les feuilles : Chez les Cactées, les Stapélies, les Euphorbes charnues, sur les tubercules de la Pomme de terre, du Topinambour, de l'Oxalide crénelée, les feuilles, ordinairement réduites à de petites écailles et paraissant manquer, ont cédé leur rôle à la tige et aux rameaux ; mais j'ai montré dans un Mémoire spécial que les tubercules des Mamillaires représentaient un développement énorme du *coussinet*, c'est-à-dire de l'organe immédiatement en rapport avec la feuille. Je me borne à rappeler les exemples si connus des *Ruscus* et des *Xylophylla*, etc.

On sait que les tubercules des Pommes de terre émettent dans l'obscurité des caves des rameaux d'une excessive longueur, mais à feuilles très-réduites.

Les plantes acaules ont souvent de grandes feuilles (Bananier, *Carlina acanthifolia*, Mandragore), ou des feuilles extrêmement nombreuses (*Silene acaulis, Bolax glebaria.*)

La Cuscute, plusieurs espèces de *Bossiæa*, de *Genista,* de *Retama,* d'*Ulex,* de *Spartium,* de *Gymnophyton,* de *Calligonum,* aux feuilles rudimentaires, ont des rameaux très-multipliés.

Dans la section *Clymenum* des *Lathyrus,* les feuilles inférieures sont souvent dépourvues de folioles, mais les pétioles et les tiges sont largement ailés.

L'absence de tige et de feuilles dans le genre *Lacis* est compensée par une membrane irrégulière fongueuse au sujet de laquelle M. Bongard a écrit : *Rhizoma difforme in membranam irregularem fungosam.... abiens.*

Le *Genista sagittalis* porte avec de très-petites feuilles, des tiges ailées.

Il semble y avoir une sorte d'antagonisme entre la gaîne et les prétendues décurrences de la feuille.

Dans l'*Acacia platyptera* l'avortement des feuilles et de leurs bourgeons axillaires paraît coïncider avec le développement des ailes de la tige et des bourgeons stipulaires.

L'Asperge ordinaire montre les pédoncules fasciculés à l'aisselle d'une petite feuille écailleuse.

f. FEUILLES. Remarquons d'abord qu'elles se montrent, en général, d'autant plus multipliées qu'elles sont plus petites. Exemples : plusieurs espèces de Conifères, les Bruyères, les *Selago*, le *Fabiana imbricata*, les *Tamarix*, etc. Il en est de même des folioles des Légumineuses (*Astragalus*, *Vicia*, *Ervum*, *Edwardsia*, *Mimosa*.

Il y a lieu de considérer les rapports de chacune des trois parties d'une feuille complète (gaîne, pétiole, limbe) avec les deux autres, puis les relations des feuilles avec les stipules, avec les bourgeons.

Entre les trois parties de la feuille : Il est inutile de rappeler les faits si connus et si curieux des phyllodes chez les Acacias de la Nouvelle Hollande, le *Lathyrus Nissolia*, et certaines espèces d'*Oxalis* (1). Dans l'*Acacia verticillata*, l'avortement des folioles coïncide, non pas avec une dilatation du pétiole, mais avec une multiplication de pétioles. Dans les *Phyllarthron* (Bignoniacées), le rachis est articulé aux points d'avortement des folioles ; mais les parties de ce pétiole commun comprises entre les articulations sont élargies en lames cunéiformes.

---

(1) Quelques auteurs considèrent aussi comme des phyllodes les feuilles des *Bupleurum*, de plusieurs espèces de *Ranunculus* (*R. Flammula*, *lingua*, *gramineus*, *pyrenæus*, etc.), même celles de beaucoup de monocotylédones.

La Sagittaire commune montre certaines feuilles privées de limbe au profit du pétiole, qui s'accroît d'autant. Raspail a constaté, dans les Graminées, un allongement des gaînes des feuilles à mesure qu'on s'élève sur la tige, coïncidant avec un décroissement dans le limbe (in *Bull. de Férussac*, t. VII, p. 62); et on sait que les tiges de plusieurs espèces de *Tussilago* (en particulier du *T. Farfara*), et le sommet de celles des Férules, portent de grandes gaînes sans pétiole ni limbe.

Chez le *Sedum amplexicaule* , les feuilles des rejets stériles offrent un grand évasement de la gaîne avec un limbe filiforme.

Ch. Morren a signalé un phénomène de balancement dans les Ascidies des *Sarracenia* Il y a dans le *S. purpurea* développement de la substance des lèvres de l'Ascidie aux dépens de celle de la lame ; dans le *S. flava* , une lame et des lèvres , chacune à moitié développée ; dans le *S. variolaris*, de petites lèvres et une plus grande lame ; dans le *S. rubra*, une grande lame sans lèvres. Le même antagonisme existe entre le bourrelet et les lèvres : chez le *S. purpurea* , un bourrelet qui n'occupe que le tiers de l'ouverture de l'urne et de grandes lèvres ; chez le *S. variolaris* , un demi-bourrelet et de petites lèvres , et chez le *S. rubra* un bourrelet presque circulaire sans lèvres. L'auteur ajoute : « Le *S. flava* se soustrait un peu à cette observation » (in *Ann. des Scienc. nat.*, 2e sér., t. XI, p. 127.)

Entre les feuilles et les stipules : Je ne citerai pas les Rubiacées indigènes, dont les verticilles d'organes appendiculaires n'ont pas la même signification pour les Botanistes modernes, considérés par MM. Germain et Payer comme composés de feuilles et de stipules, par Schacht et par M. J. G. Agardh comme entièrement foliaires.

Que le *Rosa berberifolia* ait une feuille simple ou une feuille composée unifoliolée , le grand développement des stipules chez cette espèce semble témoigner d'un balancement organique. L'exemple du *Lathyrus Aphaca* , aux larges stipules et à la feuille réduite à une vrille , est suffisamment connu.

Moquin a vu un pied de Fève chez lequel le développement énorme des stipules coïncidait avec l'atrophie des limbes de feuilles. (*Térat. vég.* , p. 156.)

Enfin, dans le *Lathyrus Nissolia* , la présence de phyllodes coïncide avec l'avortement des folioles , et souvent même des stipules.

Entre la tige et les stipules : La nature doit offrir entre ces deux organes des cas de relation que la signification incertaine des ailes (ou improprement décurrences des tiges) ne permet guère de préciser.

Entre les feuilles et les bourgeons : Les rapports entre ces deux sortes d'organes sont principalement manifestes dans le genre *Brassica.* Ainsi, dans le Chou cabus, le grand développement des feuilles détermine l'avortement des bourgeons axillaires , tandis que le Chou de Bruxelles donne lieu au phénomène inverse.

Les feuilles pennées du *Mahonia nepalensis* sont stériles à leur aisselle , tandis que les épis multiflores sortent de l'aisselle des feuilles écailleuses. (Turpin , *Esq. d'org.* , p. 37.)

B. Entre les organes végétatifs et floraux.

Entre la racine et les graines : De Candolle a depuis longtemps signalé ces faits de balancement dans la famille des Crucifères. Les *Brassica* , les *Raphanus* , paraissent donner d'autant moins de semences que leur racine grossit davantage. Le *Cochlearia rusticana* L[k] (*C. Armoracia* L.), aux racines énormes, n'en donne même pas du tout au Jardin des Plantes de Toulouse , et je ne vois jamais son nom figurer dans les nombreux catalogues de graines que publient chaque année les Jardins botaniques.

Entre la tige et la fleur : Un des caractères des plantes de montagne est d'offrir de grandes fleurs , avec des tiges courtes et rabougries; mais quel meilleur exemple pourrait-on citer de la corrélation de ces deux organes que cette curieuse parasite des forêts de Java , la Rafflésie d'Arnold , où tout se réduit presque à une immense fleur.

Entre la tige et le fruit : M. l'abbé de Lacroix a remarqué qu'à Nantes, le *Verbascum thapsiformi-floccosum*, stérile, atteint jusqu'à 2 mètres 33 centimètres, le développement excessif de la tige étant lié à l'avortement des capsules et des graines.

Entre les bourgeons végétatifs et floraux : La multiplication par bourgeons est en général d'autant plus active, que la propagation par fleur ou par graines l'est moins. Quand le *Cardamine pratensis* est accidentellement stérile, comme il arrive dans les marais aux environs de Nancy, il se conserve à l'aide de bourgeons adventifs qui se détachent spontanément. M. Decaisne a depuis longtemps signalé la stérilité du *Lysimachia nummularia* coïncidant avec une multiplication très-active de cette plante par stolons, et les exemples de ce genre sont assez fréquents dans le règne végétal. On sait que l'opération de la taille consiste à établir l'équilibre entre le développement des boutons à bois et à fleurs. On sait aussi qu'il suffit d'empêcher le Réséda odorant de fleurir, en lui enlevant ses boutons, pour lui faire développer des bourgeons qui lui donnent une nouvelle vie.

Presque toutes les plantes aquatiques à fécondation incertaine et à germination difficultueuse, dit M Chatin, sont, par compensation, pourvues d'un moyen certain de se perpétuer, soit par gemmes ou bulbilles, soit par tubercules, soit par stolons, soit par rhizomes, soit même par simple division (*Anat. comp.*, p. 9). Rappelons les curieux bourgeons cornés du *Potamogeton crispus*, ceux de l'*Aldrovandia*, etc.

Les plantes à tubercules sont éminemment propres à dévoiler ces relations, telles l'*Himantoglossum hircinum* et la Pomme de terre. M. Fabre a constaté dans la première une sorte d'opposition entre la *forme florale*, chargée de la propagation par graines, et la *multiplicatrice*, qui, ne produisant jamais de hampe, émet des tubercules à sa base. Quant à la seconde, elle a été de la part de Knight, de Martens et de Murray, l'objet d'expériences pleines d'intérêt. Il est reconnu que les variétés les plus hâtives sont toujours dépourvues d'organes floraux. La *Rouennaise précoce* a des tubercules très-volumineux et abondants, complètement mûrs à la mi-juin, tandis que les tiges restent très-courtes et ne se terminent jamais par des fleurs (Martens in *l'Institut* pour 1863, p. 21). Knight a pu faire développer chez les Pommes de terre hâtives des fleurs et des fruits par l'ablation des tubercules à mesure qu'ils se montraient (*a select. fr. the physiol. and hort. papers,* p. 133). Murray a fait la contre-épreuve, ayant constaté que les produits s'accroissent sensiblement par l'ablation des fleurs, et d'autant plus que l'enlèvement a été plus prématuré (in *Hortic. belg.* t. II, p. 92).

Chez plusieurs plantes des montagnes, la difficulté de maturation des graines est amplement compensée par la formation de bourgeons reproducteurs à la place de fleurs, telles *Polygonum viviparum, Poa alpina* et *bulbosa, Festuca ovina* et *duriuscula, Carex muricata, C. pilulifera, C. vulpina, C. divulsa,* etc.

« Dans les Fraisiers, l'obstacle apporté au développement des fleurs, dit M. de Lambertye, a pour résultat immédiat l'émission plus hâtée des coulants. » Lelieur a écrit à son tour : « Les fraisiers qui ne fleurissent chaque année que pendant un laps de temps très-limité, émettent leurs moyens de reproduction l'un après l'autre d'une manière très-tranchée, d'abord le fruit, puis les coulants. »

Les Palmiers n'ont qu'un bourgeon végétatif, le terminal, mais leur régime est composé d'une infinité de bourgeons floraux ou boutons. Des exostoses des branches du Jujubier il naît deux sortes de rameaux, les uns stériles, végétatifs et persistants, les autres florifères et caducs.

Desvaux a constaté qu'il suffit de couper les fleurs d'un pied de Gentiane à type quaternaire pour voir se développer extérieurement des fleurs disposées d'après le type quinaire.

Rappelons, enfin, que, d'après M. Montagne, plus un lichen est parfait, plus l'apothécie est imparfaite.

Entre les feuilles et les organes floraux : Le nombre de plantes pourvues à la fois de grandes feuilles et de petites fleurs est considérable, telles les Térébinthacées, les Juglandées, les Platanées, les Ombellifères, plusieurs Composées (*Ferdinanda eminens*, *Sonchus*, etc.), Morées, Artocarpées et Cannabinées (*Morus* et *Broussonetia*, *Artocarpus*, *Ficus*, *Cannabis*).

Les fleurs semblent être, dans la plupart des cas, d'autant plus multipliées que les feuilles sont plus rares ou non encore développées, telles les Cuscutes, telles les Amentacées aux innombrables chatons.

Un phénomène inverse a lieu chez le *Senebiera pinnatifida*, où les feuilles sont nombreuses et assez grandes, tandis que les fleurs, déjà très-petites, perdent souvent par avortement quelques-uns de leurs organes, et deviennent diandres. Supposez à cet avortement un degré de plus, et la plante étant annuelle disparaîtrait.

Le grand développement et la multiplication des parties florales chez plusieurs Cactées aphylles ou presque privées de feuilles (*Cereus*, *Opuntia*, *Echinopsis*, etc.), ne semblent-ils pas témoigner d'une corrélation entre ces deux sortes d'organes ?

Faut-il voir un phénomène de balancement dans la coexistence chez le Chèvrefeuille commun (*Lonicera Caprifolium*) de longs filets et de feuilles supérieures connées ; et chez les Silénées de pétales onguiculés, d'étamines à longs filets d'une part, et de feuilles souvent sessiles de l'autre ?

g. Bractées. M Baillon a remarqué que chez l'*Hordeum trifurcatum,* la glumelle inférieure se termine parfois par trois dents égales ; mais que cette espèce a des fleurs où la division médiane de la bractée est considérable, tandis que les dents latérales sont rudimentaires, et d'autres où la division médiane est peu manifeste, tandis que les latérales ou l'une d'elles se développent énormément et prennent un aspect plumeux (in *Bull. Soc. bot.* t. 1, p. 187).

Entre les bractées et les stipules : Schacht considère la cupule de la Noisette comme formée par les deux stipules d'une feuille ou bractée restée rudimentaire.

Entre les bractées et les pédoncules : Un rapport inverse dans le développement de ces deux sortes d'organes se manifeste chez les Conifères. Dans le genre Cyprès, en effet, le pédoncule reste très-court, l'écaille ou bractée s'accroissant énormément, tandis que les genres Pin et Sapin ont, avec des bractées rudimentaires, des pédoncules aplatis formant les écailles du cône.

Entre les bractées et l'inflorescence : Les *Astrantia*, les *Eryngium* ont dans les Ombellifères avec de grandes bractées, les premiers des ombelles simples, les seconds des capitules.

Toutefois je ne vois pas dans les Composées dont les bractées sont le plus développées (*Cnicus*, *Pallenis*, *Cynara*, *Silybum*, *Centaurea Calcitrapa* et *fuscata*) une disposition particulière en rapport avec elles.

Entre l'inflorescence et les fleurs : Dans les Conifères, les Cupulifères, les Aroïdes, la métamorphose de l'inflorescence est complète, mais la fleur reste à un très-bas degré d'évolution.

N'y a-t-il pas chez les *Arum* un rapport entre la formation de la massue qui termine l'axe de l'inflorescence et l'absence de filet aux étamines dont chacune représente une fleur? Le genre *Calla*, qui manque de massue, a de longs filets staminaux.

Dans les Ombellifères, il n'est pas rare de voir les fleurs extérieures de l'ombelle mâles.

Entre les pédoncules et les fleurs : Certaines variétés de *Medicago lupulina* offrent un allongement de pédoncules en rapport avec l'avortement de quelques parties de la fleur (Voir Seringe dans De Candolle, *Prodrom.*, t. II, p. 172). Dans quelques Mélilots, l'allongement porte à la fois sur les pédoncules et les légumes, mais ces derniers sont stériles (*Ibid.* p. 187).

Le *Muscari comosum* a ses pédoncules terminaux plus longs que les autres, mais à fleurs stériles.

On a vu un pied de cette espèce dont toutes les fleurs étaient stériles, mais longuement pédonculées (Voy. Moquin, *Térat.*); et l'on sait que le *M. monstrosum* n'est que la même espèce devenue monstrueuse par la transformation de la grappe simple en panicule et par l'avortement des fleurs poussé beaucoup plus loin.

M. Brongniart a constaté que lorsque chez les Graminées le charbon envahit le pédoncule, cet organe s'accroît, mais les parties de la fleur restent atrophiées. Les pédoncules stériles du *Rhus Cotinus* se couvrent de jolis filaments rougeâtres.

Entre les bractées et les fleurs : La disparition des fleurs au sommet de l'axe de l'inflorescence du *Fritillaria imperialis* coïncide avec un grand développement des bractées en ce point. Il en est ainsi chez le *Salvia Horminum*.

On a cité un *Phleum Bœhmeri* offrant une hypertophie de la paillette inférieure, tandis que la supérieure et le pédicelle de la fleur supérieure étaient avortés. (Moquin, *Térat.*)

Les bractées, souvent si nombreuses, de l'involucre des Composées sont stériles, et une anomalie de l'Œillet commun, dans laquelle le nombre des bractées atteint quelquefois vingt paires (*Caryophyllus spicam frumenti referens*), est aussi généralement accompagnée de l'atrophie des parties de la fleur. Enfin, M. Godron dit avoir rencontré plusieurs fois sur le *Corydalis solida* des individus atteints de phyllomanie, chez lesquels toutes les bractées étaient pétiolées et transformées en feuilles, tandis que les fleurs avortaient complétement. (*Mém. sur les Fumar.*, p. 14, note.)

Entre les bractées et les enveloppes florales : Dans la plupart des Aroïdes, l'absence d'enveloppes florales coïncide avec l'existence d'une large spathe, et dans les fleurs femelles des *Atriplex* avec celle de deux grandes bractées. Comparez les involucres et les périanthes des *Bougainvillea* et des *Mirabilis*, et vous reconnaîtrez dans ces plantes un rapport inverse dans le développement de ces deux sortes d'organes. Le *Specularia hybrida*, à la corolle presque rudimentaire, porte fréquemment sur son ovaire des bractées ou soussépales qui manquent au *S. Speculum*.

Dans le genre Anémone l'expansion foliiforme des bractées n'est-elle pas en rapport avec l'avortement d'un verticille floral? Il est vrai que ce même avortement se retrouve chez les Clématites où l'involucre est souvent ou nul ou peu marqué.

On sait combien est rudimentaire l'enveloppe florale unique des Cupulifères et en particulier du Charme, du Hêtre, du Châtaignier, du Noisetier, du Chêne, et l'on sait aussi le grand développement que prend la bractée dans le premier de ces genres, l'involucre dans les autres.

Citons encore les Graminées où les glumellules sont comme atrophiées comparées aux bractées qui les protégent.

C. Entre deux ou plusieurs parties de la fleur.

h. Fleur : C'est dans la fleur surtout que les causes d'irrégularité sont fréquentes ; et dès qu'une d'elles a commencé à agir, la loi d'équilibre multiplie leur action, souvent encore exagérée par l'obliquité des parties sur l'axe.

Il convient de rappeler ici la théorie exposée par Gœthe dans son *Essai sur la métamorphose des plantes*, théorie en vertu de laquelle les verticilles floraux seraient alternativement soumis à une série de contractions et d'expansions ; aux yeux du poëte naturaliste, un premier resserrement produit le calice ; une expansion la corolle ; les étamines montrent une nouvelle contraction, tandis que dans le péricarpe se manifeste la plus grande expansion ; enfin la graine nous donne le dernier degré de concentration. Si quelques faits semblent favorables à cette théorie, il ne faudrait cependant pas l'admettre comme l'expression de la vérité.

Doit-on voir un exemple de balancement organique dans les cas où les pièces d'un même verticille floral sont alternativement de grandeur différente?

La famille des Vochysiées est, au point de vue qui nous occupe, très-digne d'intérêt. De ses cinq sépales le supérieur est très-grand, souvent éperonné. Les pétales sont réduits tantôt à un seul opposé au grand sépale (*Callisthene, Qualea, Erisma*), tantôt à trois (*Vochysia*) l'intermédiaire plus grand. Les étamines opposées aux pétales sont ou solitaires ou au nombre de trois à quatre. Mais dans ce dernier cas (*Erisma*), une seule est fertile et contiguë au pétale. Il semble donc y avoir dans ces plantes une sorte de balancement entre les côtés opposés de la fleur. Et si le genre *Salvertia* a cinq sépales et cinq pétales, la présence d'un éperon au sépale postérieur semble contrebalancée par un plus grand développement des trois pétales antérieurs, et surtout par ce fait, que des trois étamines la seule fertile est superposée au médian de ces trois pétales, et conséquemment placée à l'une des extrémités du diamètre floral dont l'autre est occupée par le sépale éperonné.

Dans le genre *Acanthus*, le calice nous offre avec l'expansion des sépales supérieur et inférieurs, un avortement des latéraux, tandis que dans la corolle la lèvre supérieure, réduite à deux petites dents, contraste avec un grand accroissement de la lèvre inférieure.

Un *Delphinium dictyocarpum* m'a montré l'avortement des carpelles coïncidant avec une hypertrophie des verticilles extérieurs. (Voir ce *Recueil*, 5e sér., t. IV, p. 64.)

En 1835, L. C. Treviranus étudiant la nature des corps qui, chez le *Ceratocarpus arenarius* sont à l'aisselle des deux paires de feuilles inférieures, y reconnut des fleurs mâles avortées chez lesquelles les parties inutiles s'étaient accrues aux dépens des organes utiles (in *Flora* pour 1836, p. 59).

Est-ce par suite de l'absence de périanthe que dans les genres *Scirpus*, *Eriophorum*, *Typha*, des poils se développent en grand nombre autour des organes sexuels?

Faut-il considérer comme un exemple de balancement organique l'allongement du gynophore dans le Câprier, du gynandrophore dans les *Gynandropsis* d'une part, et l'absence presque complète de style de l'autre? Ne pourrait-on pas mettre en opposition avec ce dernier caractère la longueur des filets staminaux et des onglets des pétales dans plusieurs de ces plantes?

i. CALICE : Si dans la plupart des Composées l'aigrette remplace le calice, n'y a-t-il pas dans la multiplication fréquente des poils de l'aigrette un exemple de balancement?

Entre deux parties du calice : M. E. Fournier a vu les

fleurs du *Cakile maritima*, envahies par le *Cystopus candidus*, offrir à la fois un grand développement de deux sépales voisins et l'atrophie des deux autres réduits à deux protubérances arrondies (in *Bull. Société Botan.* t. VIII, p. 675.)

Dans les' Balsaminées l'accroissement considérable d'un sépale coïncide avec l'avortement complet ou incomplet des deux situés en face de lui.

Des cinq sépales des *Polygala*, les deux intérieurs grands, pétaloïdes et planes contrastent tellement avec les autres petits et naviculaires, que plus d'un débutant les a rapportés à la corolle.

Entre le calice et la corolle : Quand la corolle fait défaut, le calice revêt souvent l'apparence pétaloïde (*Glaux*, *Mirabilis*, *Schepperia juncea*, etc.) — Les Orchidées montrent parfois un développement inverse entre les deux verticilles du périanthe ; dans l'*Uropedium Lindeni*, les pièces intérieures s'allongent en longues lanières ; ce sont au contraire les extérieures dans le *Masdevallia elephanticeps*. Schauer a vu un *Anagallis phœnicea* où l'accroissement du calice coïncidait avec une diminution de grandeur de la corolle (in *Linnæa*, *Litteratur-Bericht*, t. IX, p. 116.). Et l'on cultive, sous le nom de *coronata*, une variété de *Campanula persicæfolia* où le calice devient largement rosacé et pétaloïde, en même temps que la corolle avorte totalement ou en partie, ainsi que l'ovaire.

Entre les sépales et les pétales : La loi de la division du travail nous fait comprendre que si le calice d'un grand nombre de Monocotylées (*Liliacées*, *Amaryllidées*, etc.) revêt la forme, la grandeur de la corolle, il doit être, virtuellement du moins, inférieur à celle-ci au point de vue physiologique.

D'après les observations d'Aug. de St-Hilaire et de Moquin-Tandon, les deux grandes folioles du calice des Polygalés sont placées près du point où deux pétales ont avorté.

Dans les Balsaminées, le plus grand pétale répond à l'intervalle de séparation des deux sépales rudimentaires. — Les Polygalées ont leur grand pétale caréné et fimbrié situé au bas ou à l'extérieur de la fleur, tandis que les deux grands sépales sont du côté opposé. — Le *Melianthus* a son sépale inférieur en capuchon et plus grand que les autres, et, en revanche, le pétale supérieur est le plus petit des cinq.

Dans une Capparidée, le *Dactylæna micrantha* Schrad., des quatre sépales, le supérieur est de moitié moindre que l'inférieur, tandis que les deux pétales supérieurs sont plus grands que les deux autres. — Michaux a fait remarquer que dans le *Pinkneya pubens* où un des sépales devient foliacé, certains lobes de la corolle se développent plus que les autres.

Entre le calice et l'androcée : Dans les *Primula acaulis* et *elatior* le calice parfois grandit, devient corolloïde, et alors la fleur, quoique encore munie des organes sexuels, est habituellement stérile.

Entre les sépales et les étamines : M. Chatin a reconnu que chez les *Tropæolées*, des cinq étamines opposées aux sépales, la dernière à naître est d'ordinaire, et par une sorte de balancement, celle qui est placée vers le gros sépale éperonné (in *Annales des Sc. nat.*, 4ᵉ sér., t. v, p. 300).

Entre les calices et les carpelles : MM. Fournier et Bonnet ont décrit une anomalie de *Rubus* où un développement exagéré du calice coïncidait avec une atrophie des carpelles (in *Bull. Soc. bot.*, t. ix, p. 36). Moquin avait déjà fait remarquer que la coïncidence de ces deux phénomènes inverses n'est pas rare chez les Rosiers (*Térat.*).

Dans les *Dipterocarpus* le grand accroissement de deux des sépales est peut-être lié à l'avortement de deux des loges dans le fruit, car l'ovaire de ce genre est à trois cavités, etc.

j. Corolle. *Entre deux parties de la corolle* : Les études de M. Bureau sur les Bignoniacées l'ont conduit à cette conclusion que *la hauteur de la partie dilatée de la corolle semble être en raison inverse de la partie cylindrique*, et il cite à l'appui de cette assertion deux exemples opposés l'*Anemopægma læve* et le *Millingtonia hortensis* (*Thèse inaug.*, p. 176).

Dans le *Pelargonium Endlicherianum* les deux pétales supérieurs atteignent le *maximum* de développement, alors

que les trois inférieurs restent tout à fait rudimentaires.
Le genre *Delphinium* est aussi instructif sous ce rapport, car
dans certaines espèces, les pétales, généralement au nombre
de quatre, semblent réduits à un seul, soit par soudure, soit
par avortement.

Encore ici on peut opposer les parties de la corolle des
Polygalées où, avec un grand pétale fimbrié inférieur alternent
deux petits pétales latéraux souvent même avortés.

Il arrive fréquemment que la multiplication des parties
coïncide avec une diminution de grandeur. M. Bureau a
vu chez un *Streptocarpus Rhexii* une corolle dont le tube
avait un diamètre double de ce qu'il est habituellement, et
dont le limbe était à douze lobes, mais de moitié plus petits
que dans les fleurs normales.

Dans l'*Erythrina Crista-galli*, l'étendard est ample, la
carène grande ; mais les ailes cachées par le calice et par
l'onglet de l'étendard sont rudimentaires.

Entre les corolles d'un même capitule : Payer cite un *Anthe-
mis nobilis* dont les demi-fleurons de la circonférence énormément accrus, étaient devenus fertiles, en même temps que
ceux du centre étaient atrophiés.

Entre la corolle et les organes sexuels : L. C. Treviranus a
constaté : 1° qu'en février et en mars ainsi qu'à l'automne,
le *Lamium amplexicaule* a des fleurs incomplètes, mais à
corolles très-développées. 2° Que les Violettes et l'*Oxalis.
Acetosella* ont d'abord de très-grandes corolles et des organes
sexuels incomplets. (V. *Bull. Soc. bot.* t. v, p. 179.)

L'accroissement exagéré des fleurons extérieurs de plusieurs
espèces de Centaurées est en relation avec l'avortement des
sexes qui rend ces fleurs neutres.

M. Rodin a vu un pied d'*Anagallis phœnicea* offrant des
étamines avortées, un ovaire abortif et un dédoublement de
la corolle. (in *Mém. de l'Oise*, t. v , p. 450.)

Entre la corolle ou les pétales et les étamines. C'est principalement ici que sont nombreux les exemples de balancement
organique. Les rapports entre ces deux sortes d'organes sont

même tellement intimes, que, de l'avis de Cassini, pour avoir une juste idée des corolles des Synanthérées , il convient de laisser de côté les fleurs femelles ou neutres, pour ne s'occuper que des fleurs hermaphrodites ou mâles.

On peut se demander si dans celles des plantes monochlamydées , où le nombre des étamines est beaucoup plus grand que celui des pièces de l'enveloppe unique (Flacourtianées , Laurinées, Polygonées , etc.), il n'y aurait pas corrélation entre la multiplicité des premières et l'avortement d'une des enveloppes florales. Des faits infiniment variés manifestent les liens d'union des pétales et des étamines, et les études organogéniques de Payer l'ont conduit à admettre que tantôt les pétales se métamorphosent en étamines (*Phytolacca* , *Alchemilla*), et que tantôt le phénomène inverse se produit (*Mesembryanthemum.*)

Dans la duplicature des fleurs , la disparition de l'anthère coïncide ordinairement avec une dilatation pétaloïde du filet.

La famille des Lythrariées nous offre de bons exemples de balancement organique. Dans les *Cuphea* , les deux plus petites étamines correspondent aux deux pétales supérieurs les plus grands. A son tour , le *Diplusodon* n'a jamais qu'une étamine au-dessous des dents extérieures du calice, à la base desquelles sont les pétales, tandis qu'il s'en trouve souvent de deux à six devant les dents apétalées. (Voy. Aug. de Saint-Hilaire in *Ann. Sc. nat.* de 1834 , p. 334.)

Dans les *Kœlreuteria* et les *Pavia* , des huit étamines, les trois du verticille interne sont opposées, deux aux deux petits pétales et une au pétale avorté.

On sait que la fleur des Tropæolées a deux verticilles extérieurs pentamères et huit étamines à l'androcée. « Je ferai remarquer, dit M. Chatin dans son Mémoire déjà cité sur l'organisation de cette famille, que c'est devant le pétale 1, le plus grand dans le bouton , et peut-être le premier né, qu'avorte l'une des deux étamines qui manquent aux Tropæolées; que c'est devant le pétale 2, ou le second en développement, que doit être rapportée la plus petite et la dernière née des huit étamines ; enfin, que c'est devant le pétale inférieur (pétale 4), celui-là même qui dépasse les autres à l'époque de l'anthèse, que manque aussi l'une des étamines des Tropæolées. »

Un pied de *Capsella Bursa-pastoris* a offert à Jacquin une fleur apétale et à dix étamines rangées à peu près circulairement.

Chamisso décrit et figure une monstruosité de Digitale pourprée, devenue heptandre en même temps que la corolle avait avorté en partie ou même en totalité (in *Linnæa*, t. 1, p. 571, table VI).

Les *Cassia* ont ordinairement les pétales inférieurs un peu plus grands que les autres, tandis que dans l'androcée, les trois étamines supérieures sont les plus petites et se montrent même parfois stériles ; les quatre inférieures sont aussi plus grandes que les quatre moyennes. Une autre Légumineuse, l'*Heterostemon mimosoides*, n'a que trois pétales, et des huit étamines trois inférieures sont plus longues, tandis que les autres diminuent graduellement, et ont des anthères stériles.

Les études de M. Chatin sur l'organisation de la Vallisnérie spirale, nous apprennent encore que sa fleur mâle à type ternaire n'a qu'un seul pétale et deux étamines fertiles, le rudiment de la troisième étamine étant du côté de la fleur *opposé au pétale unique ou en face de lui.*

D'après L. C. Treviranus, les fleurs les plus tardives du *Saxifraga granulata* ont parfois les pétales plus grands que celles qui les ont précédées ; mais dans ce cas elles sont stériles. (*Physiol. der Gewæchse.*)

Mirbel a remarqué que, dans le *Triphasia*, les fleurs ont ordinairement trois pétales réguliers et six étamines ; mais qu'il en est à cinq étamines, et dont un pétale plus grand que les autres est voûté. (*Elém. de Physiol. vég.*, p. 221 en note.)

Le *Commelina communis* offre deux petites étamines avortées opposées aux grands pétales, et une grande étamine fertile opposée au petit pétale avorté.

M. Spach décrit la fleur des Lécythidées à six pétales, dont les deux opposés à la ligule de l'androphore sont plus grands que les quatre autres. (*Vég. phanér.*, t. IV, p. 189.)

3

Vogel s'est demandé si dans les *Swartzia*, où, contrairement à ce qui a lieu dans les autres Légumineuses, les étamines sont opposées au pistil, l'absence des étamines dorsales ne détermine pas la transformation en ce point des pétales en staminodes (in *Linnæa*, t. xi, p. 166).

Les Scrophularinées nous montrent chez les genres *Antirrhinum* et *Linaria* un développement basilaire (bosse ou éperon) de la corolle coïncidant avec l'avortement complet-de la cinquième étamine, tandis que dans les *Scrophularia*, les *Pentstemon*, l'étamine est représentée ou par une languette ou par un filet.

La présence d'un éperon, libre dans les *Centranthus*, soudé au pédicelle dans les *Pelargonium*, n'est-elle pas liée à l'existence d'une seule étamine dans le premier de ces genres, d'un nombre d'organes mâles inférieur à dix dans le second ?

Dans tous ces cas, que l'on pourrait multiplier beaucoup, et où les relations de développement inverse entre la corolle et l'androcée sont tout à fait évidentes, il semble que l'irrégularité de la première soit déterminée par un avortement dans le second ; car si les pétales apparaissent toujours avant les étamines, ils ne tardent pas à être dépassés par elles.

Blume a énoncé que le labelle des Orchidées doit une partie de son développement et des accidents de sa surface à l'avortement de trois étamines : et Endlicher se demande si quelque chose de la substance du style et des étamines ne serait pas passé dans celle du labelle. (*Enchirid. bot.* et *Genera plant.*)

Il est un petit groupe de *Solanum*, comprenant les *S. cornutum* Lamk., *rostratum* Dun., *Vespertilio* Ait., *heterodoxum* DC., où l'anthère la plus inférieure est très-grande et la corolle irrégulière.

Le dédoublement paraît se lier parfois à la loi de balancement. Le dédoublement des pétales en étamines chez les Primulacées, par exemple, détermine-t-il dans ces plantes l'avortement du verticille normal de l'androcée, comme le veut Aug. de Saint-Hilaire ; ou bien, conformément à l'avis de Seringe et de M. Durand, de Caen, l'avortement des étamines normales

amène-t-il le développement d'un second rang d'étamines
fertiles ?

Aux yeux de C. A. Agardh, qui repoussait la conformité
d'origine de l'étamine et du pétale, la plénification des fleurs
s'expliquait par l'avortement des étamines et la production
d'organes de remplacement, c'est-à-dire par un fait de balancement. (*Essai de réd. la physiol.*)

k. ÉTAMINES. Lorsqu'en 1829, Dunal publia ses *Considérations sur les organes de la fleur*, il admit l'existence dans
les fleurs les plus complexes de deux systèmes d'étamines, l'un
rudimentaire et incomplet, ordinairement stérile, l'autre fertile (p. 120). On aurait pu trouver là un bel exemple de balancement organique, si les recherches de MM. Schleiden et
Payer n'avaient appris que ces prétendus verticilles avortés,
représentés ordinairement par des corps glanduleux (disques),
se réduisent à des boursoufflements du réceptacle.

C'est surtout à propos des étamines que le phénomène
du dédoublement intervient. Or, d'après Moquin-Tandon,
non-seulement les organes produits par dédoublement sont
individuellement plus petits que l'organe primitif qu'ils re-
présentent, mais encore ils sont d'autant moins grands que
leur nombre est plus considérable. Si, dans les Crucifères,
les grandes étamines proviennent d'un dédoublement, les deux
autres sont plus grosses, plus robustes, et leur peu de développement en longueur s'explique par la présence de la
glande placée à la base du filet. (*Essai sur les dédoublements.*)

Aug. de Saint-Hilaire et de Girard font suivre leur description
de l'*Utricularia laxa* de cette remarque : « Nous avons trouvé
dans une fleur de cette espèce un filet stérile, et l'autre fertile ;
le premier sans anthère et subulé, le second chargé d'une anthère oblongue, elliptique, bifide à la base et biloculaire. Il
nous est impossible de ne pas voir ici un exemple de ces ba-
lancements d'organes si communs dans le règne végétal. »
(*Ann. des Scienc. nat.*, 2e sér., t. XI, p. 161.)

De Candolle, décrivant son *Gynandropsis ophitocarpa*, y
signale des fleurs où une partie des étamines reste courte et

demi-avortée, tandis que l'autre s'allonge beaucoup. Il fait encore observer, à propos des anomalies florales du *Salvia cretica*, que si cette espèce n'a souvent que deux étamines fertiles sans rudiments des deux autres, quelques fleurs offrent ces rudiments; mais alors les deux étamines, ordinairement fertiles, sont semi-avortées (in *Mém. de la Soc. de physiq. et d'hist. nat. de Genève*, t. v, p. 149).

On sait que la plupart des Orchidées ont une étamine fertile et deux rudiments d'étamines stériles; avec l'avortement de la première, ces dernières deviennent fertiles dans le Cypripedium.

Si les Byttnériacées ont, contrairement aux Malvacées, des étamines en nombre limité, par compensation, plusieurs de ces organes (les oppositipétales) sont stériles et ligulés.

Les étamines stériles des *Verbascum* se distinguent à leurs filets couverts de poils colorés; et on est amené à se demander si dans les *Commelina*, la stérilité des trois étamines ne serait pas due au développement de semblables poils, et peut-être aussi à l'élargissement du connectif.

Dans les *Cajophora*, les étamines naissent par groupes opposés aux sépales; mais dans chacun de ces groupes, d'après l'observation de Payer, un certain nombre se transforment en staminodes (in *Ann. des Sc. nat.*, 3e sér., t. xx, p. 116).

Entre deux parties de l'étamine : Ne semble-t-il pas que les plantes dont l'anthère est adnée au filet (Renoncule, Nymphéa, Violette, Pervenche), aient le filet plus court?

Schultz a fait remarquer que fréquemment une grosse anthère est unie à un filet grêle. (*Die Fortpflanz.*, p. 66.) Il en est ainsi dans les Graminées; mais dans les Campanules, la brièveté du filet semble en rapport et avec sa dilatation écailleuse basilaire et avec l'allongement de l'anthère. Les *Solanum*, les *Symphytum* ont généralement de grosses anthères et de courts filets. Les Orchidées, les Asclépiadées, les Aristoloches, nous offrent encore des exemples plus frappants de cette disposition. Dans la Bourrache, où le filet est très-court, il envoie derrière l'anthère lancéolée un long prolongement.

John Lowe a cru saisir chez les *Erica* un rapport constant entre l'élargissement du filet et la séparation des loges de l'anthère, comme si la rigidité des filets avait quelque effet pour produire cette séparation. Où les filets sont grêles et déliés, les loges sont moins séparées, et *vice versa* (in *Soc. bot. d'Edimb.*, décembre 1854). D'un autre côté, Desvaux a énoncé que plus le connectif prend de développement, et moins le filet est prononcé. Le *Salvia Habliziana* offre un filet extrêmement petit, comparé au connectif. (*Traité de bot.*, p. 443.) On sait que les étamines des Sauges ont, avec un allongement transversal considérable du connectif, une des loges de l'anthère ordinairement atrophiée.

Dans les fleurs femelles des Thymélées, on trouve des étamines stériles, dont le connectif dépasse très-longuement les anthères.

Le *Laurus nobilis* qui a, dans ses fleurs mâles, des étamines biappendiculées, perd souvent ces appendices pour les remplacer par des étamines.

« Dans le *Calendula*, dit M. Chatin, la destruction ou réduction extrême de la membrane épidermique sur les valves de l'anthère correspond à un excès de développement de cette membrane sur le connectif » (in *Bull. Soc. bot.*, t. x, p. 284).

Chez les Orchidées, d'après les observations de M. D. Hooker, une forme très-simple de pollen accompagne une organisation très-complexe du rostellum (*Listera ovata*), tandis que, dans les Vandées à pollen compliqué, le rostellum est réduit à une simple protubérance cellulaire.

Entre les étamines et le disque : Comparant la fleur des Réséda à la fleur-type, A. de Saint Hilaire y voyait le verticille staminal occuper la place du nectaire (disque), et un verticille d'écailles nectariennes celle du second rang de l'androcée. Cet auteur a fait encore remarquer que, si dans les Résédacées la fleur est généralement plus accrue du côté supérieur, il en est autrement des étamines du *Reseda alba*, puisque les trois étamines placées du côté du sommet de l'épi sont plus grêles que les autres. « Mais il est à observer, ajoute ce profond Botaniste, que c'est sur la base de ces trois étamines que se développe la seule écaille nectarienne qui existe dans l'espèce dont il s'agit (1ᵉʳ *Mémoire sur les Réséd.*, p. 20 ; 2ᵉ *Mém.*, p 34). »

Dans les globulaires, M Alphonse de Candolle a reconnu l'existence fréquente d'un disque parfois réduit à une glande antérieure, et c'est la cinquième étamine supérieure qui manque à ces plantes (in *Prodrom.*).

MM. Chamisso, Schlechtendal, Aug. de Saint-Hilaire n'ont jamais trouvé plus de onze étamines dans plus de trente espèces de *Cuphea* qu'ils ont examinées ; de ces étamines, six sont opposées aux pétales, et cinq à un nombre égal de dents alternes avec eux. Il ne s'en développe aucune devant la dent supérieure, et c'est justement au-dessous de ce côté que se montre le disque incomplet et glanduliforme (Voy. *Arch. de bot.*, t. II, p. 388).

Le *Saxifraga sarmentosa* a deux des cinq pétales plus grands que les autres ; et on lit à la diagnose de cette espèce dans le *Prodromus regni vegetabilis*, t. IV, pag. 43 : « Glandula lunulata inter ovarium et petala breviora. »

Dans le *Dactylæna*, des 4-5 étamines, l'antérieure est seule fertile et munie d'un grand filet épais, le filet des autres étant filiforme ; et à la partie postérieure de la fleur est un processus glanduleux.

l. Pistil : Au rapport de Ré, quand la livie des joncs pique l'ovaire du *Juncus articulatus*, celui-ci acquiert un volume trois ou quatre fois plus gros que d'habitude, mais en devenant stérile (*Nosol. végét.*, p. 342).

Les *Teucrium* et d'autres plantes offrent souvent un fait analogue.

Dans le genre *Symphoricarpos*, des quatre loges ovariennes, deux sont à l'origine même uniovulées et fertiles, et deux pluriovulées mais stériles.

Entre l'ovaire et les enveloppes florales : M. Duhamel a observé un pied d'*Orchis mascula*, dont les ovaires avaient deux

fois plus de longueur qu'à l'ordinaire , mais dont le périanthe
était atrophié.

Entre les étamines et le pistil. — Dès 1763 Linné remarquait
dans le *silene paradoxa* des étamines tantôt exsertes tantôt in-
cluses (*Spec. plant.*, p.1673). En 1796, Persoon signalait dans
le genre Primevère des fleurs dimorphes , les unes longisty-
les , les autres brévistyles (in Usteri , *Annal.*, 2ᵉ livr., p. 60).
En 1843 , l'Abbé Bourlet faisait une semblable observation
sur les *Primula officinalis* , *elatior* et *grandiflora ,* et reliant
ce fait à celui de l'insertion des étamines (au milieu du
tube de la corolle dans les premières , au sommet de ce tube
dans les secondes) , il se demandait s'il n'y aurait pas là
un exemple de balancement organique (in *Mém. de la Soc.
du département du Nord,* 1ʳᵉsér., t. x, p. 213). MM. Torrey et
Asa Gray (*Flor. of north Amer.,* t. ii , p. 38), et plus récemment , M. Darwin (qui a étudié cette disposition chez les Pri-
mevères, les Lins et la Salicaire), y voient une tendance à la
dioïcité , ou selon l'expression de M. Darwin , des fleurs *hermaphrodites subdioïques*. M. Weddel a retrouvé ce phénomène
chez les *Cinchona* et les Valérianes et le rapporte à la polygamie.
Les *Jasmins ,* les *Luculia ,* les *Rogiera* sont dans le même cas.

Dans les Asclépias et les Aristoloches, un grand développement du stigmate coïncide avec l'avortement des filets staminaux.

Faut-il admettre un rapport entre l'absence de 5 anthères
chez les *Erodium* et le grand allongement du fruit de ces
plantes ? Mais le *Scandix* a un fruit analogue sans avortement
d'étamines.

Si de l'état normal on entre dans le domaine tératologique,
on rencontre plusieurs faits favorables à la loi de balancement
Choisy a constaté dans la Linaire pourprée un avortement
complet des étamines coïncidant avec une augmentation de
trois parties au gynécée. (Voir Chavannes , *Monogr. des An-
tirrhin.*, pag. 70 et 71.) Moquin-Tandon dit avoir observé des
fleurs d'*Iberis sempervirens* à quatre étamines et trois carpelles,
et il ajoute : « En même temps , que les étamines arrivent à
leur type symétrique par défaut d'accroissement , le pistil se
développe avec excès. » (Note sur le *Clypeola cyclodontea*.)

m. Péricarpe : M. F. Crépin a noté la présence chez le *Linaria striato-vulgaris* de deux sortes de capsules, les unes grosses et stériles ou à graines très-déformées et atrophiées, les autres petites et avec des graines en apparence bien développées. (*Notes sur plus. pl.*, 4ᵉ fasc., p. 35.)

Entre le péricarpe et la graine ou les graines : On remarque en particulier dans les Malvacées et les Renonculacées que celles de ces plantes à carpelles peu nombreux les ont polyspermes, tandis que ces organes, lorsqu'ils sont monospermes, sont généralement multipliés. Au rapport de Delile, une espèce de Cynoglosse de l'Arabie pétrée a son péricarpe tellement développé en membrane que les graines avortent.

Dans le *Ceratocapnos umbrosa* figuré dans la Flore de l'Algérie de M. Du Rieu de Maisonneuve, et remarquable par la présence sur une même grappe de deux sortes de fruits, les péricarpes supérieurs dispermes ont des parois peu épaisses, les inférieurs monospermes les ont épaisses et consistantes.

J'ai décrit dans ce Recueil une hypertrophie du pistil des Rumex coïncidant avec l'avortement de la graine.

La plupart des plantes, et en particulier les Méliacées ont leurs graines d'autant moins défendues par les téguments qu'elles sont dans un péricarpe plus épais.

Citons enfin, à l'appui de ces curieux rapports de balancement entre le péricarpe et la graine, les exemples connus de tous fournis par l'Ananas, le Bananier, l'Arbre à pain, etc., dont les fruits hypertrophiés sont dépourvus de semences.

n. Graine. — *Entre deux parties de la graine :* J'ai déjà signalé les phénomènes inverses de développement entre l'albumen et l'embryon.

D'après M. Baillon, on voit dans la graine de l'Epurge l'épaisseur de la primine décroître à mesure qu'augmente celle de l'exostome destiné à former la caroncule. La graine de l'*Hymenocallis speciosa* a encore montré à ce Botaniste la primine et la secondine très-développées et se confondant en une seule et grosse masse charnue, en même temps que le nucelle reste presque atrophié (Voy. *Bull. Soc. bot.*, t. IV, pag. 10-20).

Au contraire, d'après M. Prillieux, chez plusieurs espèces de *Crinum* et chez l'*Amaryllis Belladona*, de ces trois téguments, les deux premiers font défaut, et le nucelle est réduit à une mince pellicule enveloppant un endosperme charnu et très-volumineux, qui forme la plus grande masse de la graine (in *Ann. Sci. nat.*, 4ᵉ sér., t. ıx).

§ II. *Faits défavorables à la loi de balancement.*

Il ne faut pas se le dissimuler, la loi de balancement ne se vérifie pas toujours dans le règne végétal, témoins les exemples suivants:

Dans le genre *Baccharis*, une section à tige ailée (*Cauloptera* DC.), n'a que des feuilles très-petites (*B. articulata* Pers.), ou réduites à de minimes écailles (*B. crispa* Spreng.); et cependant ce genre offre une autre de ses sections (les *Sergilæ* de De Candolle), où avec des feuilles très-petites ou subnulles, les branches sont dépourvues d'ailes. Le contraste n'est pas moins manifeste chez les *Bossiæa*, que De Candolle, dans son *Prodromus*, divise en trois groupes. Car des deux premiers, l'un comprend les espèces à rameaux linéaires, comprimés et aphylles (*ramis complanatis linearibus aphyllis*), l'autre les espèces à rameaux, ou à rameaux et ramules, ou à ramules seuls comprimés et *feuillés* (sauf une espèce qui, avec des rameaux cylindriques a des ramules aplatis).

Si la petitesse des feuilles et des fleurs des Bruyères, des Tamarix, du *Fabiana imbricata*, etc., est compensée par le nombre, elle n'influe en rien, que je sache, sur le reste de la structure de ces plantes. On peut en dire autant du demi-avortement des feuilles des Orobanches, du *Monotropa* ou *Hypopitys*, à moins qu'on ne veuille établir une corrélation entre cette atrophie et le renflement inférieur de la tige chez quelques espèces de ces genres. Le *Loranthus aphyllus* offre la même organisation florale que les *Loranthus* aux feuilles normales.

Les Nymphéa, les Nélumbo, la Victoria régia ont des feuilles munies à la fois d'un long pétiole et d'un vaste limbe; celles des Corypha, des Chamærops et des Férules ont, outre ces deux parties bien développées, une grosse gaîne. Si pour

les trois premiers exemples cités, on peut opposer la briéveté
de la tige à l'amplitude des feuilles, la même objection ne peut
s'appliquer aux derniers.

A côté du *Lathyrus Aphaca*, si souvent invoqué en faveur
de la loi, se place le *Pisum*, où les stipules, encore plus
grandes, coexistent avec des feuilles bien développées.

Dans le genre *Sambucus*, les stipules existent ou manquent,
selon les espèces, sans que les feuilles en paraissent influencées.

Le grand développement du *Stipulium* (verticille de stipules), chez quelques Malvacées, (*Gossypium*, *Pterospermum
semisagittatum*), paraît n'exercer aucune action sur le reste
de l'organisation florale.

Chez plusieurs espèces de Labiées (appartenant aux genres
Sideritis, *Thymus*, ex : *Thymus cephalotus* L.) et chez quelques
Rhinanthacées, les bractées prennent un plus grand accroissement que les feuilles, sans que les organes floraux en soient
influencés.

Les Botanistes qui admettent l'avortement des bractées dans
les Crucifères, devraient reconnaître aussi que, dans ces plantes, la loi de balancement est en défaut, car rien, à ma con-
naissance, n'y compense cette suppression. J'ai cherché depuis
longtemps à montrer que la partition donne une explication
bien plus satisfaisante que l'avortement de l'absence de bractées à l'inflorescence de ce groupe naturel. (Voir le *Bulletin
de la Soc. bot. de France*, t. II, p. 499 et suiv.)

A l'exemple cité du *Muscari comosum*, on peut opposer
celui du *M. racemosum*, également pourvu de fleurs stériles,
sans que les pédoncules qui les portent aient pris plus d'allongement que ceux des fertiles.

M. Hugo de Mohl écrivait récemment : « Là... où, à côté
des fleurs hermaphrodites, parfaitement développées, il s'en
rencontre d'autres qui, par suite d'un avortement plus ou
moins complet des étamines, offrent les caractères des fleurs
femelles, les enveloppes florales, et principalement la corolle, diminuent souvent de grandeur, exactement dans la
proportion de cet avortement des étamines ; tels sont les

Cardamine amara, Geranium sylvaticum, Myosotis, Salvia, Ajuga, Thymus, Mentha. » (In *Botanische Zeitung*, t. xxi, p. 326, et *Annal. des Sci. nat.*, 5ᵉ sér., t. ɪ, p. 225.)

Les Varianelles et plusieurs Rubiacées montrent que le calice peut aussi prendre un très-grand accroissement sans déterminer de modification dans les parties voisines. Il suffit pour s'en convaincre de comparer les *Varianella olitoria, auricula* et *dentata* au *V. coronata*, et de se rappeler ces curieuses Cofféacées (telles que *Cruckshanksia, Mussænda, Pinckneya, Macrocnemum*, etc., où une seule des divisions calicinales s'éloigne des autres par un développement foliaire anormal. Le calice des *Amherstia*, s'hypertrophie sans atrophie concomitante.

S'il y a un rapport de cause à effet entre l'irrégularité de la fleur des Labiées et des Scrophularinées d'une part, et l'avortement plus ou moins complet de la cinquième étamine de ces plantes d'autre part, d'où vient que les Menthes et les Verveines aient, avec des étamines comme les précédentes, des fleurs beaucoup moins irrégulières; que les corolles des Gratioles et des Véroniques, des Sauges et des Romarins, où l'avortement est poussé plus loin encore (ces plantes n'ayant que deux étamines, et même, pour les trois dernières, sans trace des trois étamines avortées), ne soient pas plus irrégulières ou même le soient moins (Véroniques)? que dans le genre *Schwenkia*, où trois étamines avortent, le calice et la corolle soient tellement réguliers que De Candolle était disposé à rapporter ce genre aux Solanées (*Pl. rar. du Jard. de Genève*)? que dans des plantes où la corolle est conformée d'après un même type, il y ait un avortement inverse des étamines? car d'après R. Brown, dans les Gesnériacées diandres (à l'exception des *Sarmienta*), les étamines parfaites sont les postérieures ou supérieures; et dans les Cyrtandracées diandres (l'*Aikinia* ou *Epithema* excepté), ce sont les deux antérieures ou inférieures. Pourquoi les *Clerodendrum*, dont la corolle a un limbe régulier à cinq lobes, n'ont-ils que quatre étamines, et les Jasminées, à fleurs parfaitement régulières, deux seulement? Il y a plus, M. Wydler a constaté que chez les *Scrophularia vernalis* et *orientalis*, où la cinquième étamine n'est pas même représentée par un rudiment, la corolle est plus régulière que dans les autres Scrophulaires (in *Mém. de Genève*).

La liste serait bien longue des faits que l'on pourrait opposer à la loi de balancement.

Dans les *Iberis* le développement spécial à deux pétales; dans les *Teucrium* et les *Ajuga*, l'absence plus ou moins complète de la lèvre supérieure de la corolle; dans les *Amorpha*, celle de quatre pétales que réclame impérieusement la symétrie, ne semblent contrebalancés par rien.

Les familles si naturelles des Rhamnées et des Caryophyllées sont même très-instructives à cet égard, en nous offrant à la fois des genres ou des espèces pétalés ou apétales, sans que ces différences en entraînent de correspondantes. Ainsi, dans les *Rhamnées*, les genres *Condalia*, *Colletia* sont monochlamydés, tandis que la plupart des autres ont calice et corolle; on voit même les pétales manquer à certaines espèces (*Rhamnus Alaternus*, *Zizyphus agrestis* Schult.), de genres dont la plupart des représentants sont pétalés. Dans les Caryophyllées, les *Sagina procumbens* et *apetala* sont tantôt pourvus et tantôt privés de pétales; il en est encore ainsi du *Peplis Portula*.

Les *Bufonia* ont de petits pétales, de petites étamines sans offrir d'hypertrophie dans quelque organe floral. Combien de genres ne citerait-on pas dans le même cas?

La multiplication (exceptionnelle pour la famille) des parties florales des *Sempervivum*, des *Lycopersicum*, de l'Aubergine (*Solanum esculentum* Dun.), l'avortement de cinq anthères chez les *Erodium* ne paraissent liés à rien. Il en est peut-être ainsi du manque de la sixième étamine chez les *Musa*, où cependant le périanthe est irrégulier.

Dira-t-on que dans les Varianelles l'avortement de deux ovules détermine l'hypertrophie des loges qui les contiennent? Mais s'il en est ainsi du *Valerianella auricula* DC., le *V. oronata* DC. a ses deux loges stériles plus petites que la fertile, et on retrouve à peine les traces des deux premières dans les *V. dentata* Soy.-Will. et *eriocarpa* Desv. Enfin, dans les Valérianes et les Centranthes il n'y a qu'une loge (apparente) et qu'un ovule sans hypertrophie concomitante. L'avortement d'une ou de plusieurs loges avec leurs ovules chez la plupart des Cupulifères, chez l'Olivier, etc., ne semble contrebalancé par rien. Celui des graines dans les Raisins dits de *Corinthe*, n'y détermine pas l'accroissement du péricarpe.

Chez les Composées, le grand développement des corolles extérieures nuit souvent aux intérieures. Mais, au rapport de Darwin, il y a, chez certaines de ces plantes, une différence entre les graines du pourtour et du centre, sans aucune différence entre les corolles (*De l'Orig. des espèces*, p. 211).

Si, le plus habituellement, l'on constate une décroissance dans le nombre des organes à mesure qu'on s'élève vers le haut de la fleur, ailleurs (*Myosurus*, *Alisma*, etc.), c'est le phénomène inverse ou la multiplication qui prévaut, indépendamment de tout avortement.

Le grand allongement du suspenseur de l'embryon, chez les Conifères et les Cycadées, l'élargissement du funicule chez l'*Helianthemum canariense* ne paraissent pas soumis à la loi de compensation.

CONCLUSION.

Objectera-t on que dans les divers cas sus-énoncés le principe du balancement nous échappe? On le peut, sans doute. Mais pourquoi ne pas admettre aussi que ce principe est souvent *subordonné à la loi de variété*, en vertu de laquelle un accroissement exagéré et un appauvrissement sont parfois indépendants l'un de l'autre, et portent ici sur le système foliaire, là sur les stipules ou les bractées; ici sur les périanthes ou quelqu'une de leurs parties; là sur les organes sexuels, etc.? Les faits précités ne semblent guère comporter d'autre explication, et, dès lors, j'ai lieu de croire trop absolues, *du moins en ce qui concerne le règne végétal*, les propositions suivantes que j'emprunte à un travail, déjà mentionné plus haut, de mon savant collègue, M. le docteur Martins :

« Tout organe rudimentaire accuse le développement exagéré d'un autre organe : et ce développement exagéré amène l'irrégularité; *mais la loi du balancement des organes n'est jamais violée.* » (*Loc cit.* , p. 22 du tirage à part.)

Quelle sera donc la conclusion ? La loi dite de *balancement* mérite-t-elle réellement ce nom en botanique ?

Il y a lieu d'établir dans la réponse une importante distinction :

1° Dans les développements ou avortements *anormaux* et *accidentels* d'un appareil , d'un organe ou de quelques-unes de leurs parties , la loi de balancement se trouve presque toujours vérifiée.

Cependant, même en ce cas, si des circonstances extérieures modifient la vitalité de la plante dont les fonctions soient perverties par défaut de nourriture, ou de lumière , ou de chaleur ; par une trop grande sécheresse ou trop d'humidité dans le sol , des avortements, des hypertrophies pourront se manifester sans être soumis au balancement organique. Ainsi s'expliquent et la stérilité fréquente des étamines du *Glechoma hederacea* au mois de mars , et cet autre fait rapporté par M. de Rochebrune, que , dans la Charente , les fleurs du *Ranunculus auricomus* avortent lorsque cette plante croît avec vigueur dans les parties basses, herbeuses et humides.

2° Dans les irrégularités *normales* ou *constantes* , si la loi de balancement se vérifie pour le plus grand nombre des cas , elle paraît néanmoins assez souvent en défaut. On constate des hypertrophies sans atrophies concomitantes , et aussi le phénomène inverse. Cette difficulté n'a pas arrêté M. Darwin, qui n'hésite pas à recourir , pour l'expliquer , aux causes finales. « L'élection naturelle, dit ce profond penseur, réussira toujours, dans la longue suite des temps , à réduire et à épargner tout organe ou partie d'organe aussitôt qu'il aura cessé d'être nécessaire ou utile , sans que pour cela d'autres parties ou organes se développent à un degré correspondant, si ce développement est sans aucune utilité. Réciproquement, l'élection naturelle peut fort bien développer considérablement un organe quelconque sans nécessiter, en compensation , la réduction de quelque autre partie de l'organisme (*Loc. cit.*). »

Mais en présence de tant d'exceptions, le balancement organique peut-il être admis comme l'expression concentrée des faits?

Voici la réponse du naturaliste anglais : « Il est difficile d'établir que cette loi soit d'application universelle chez les espèces à l'état sauvage ; mais de bons observateurs , et plus particulièrement *des botanistes,* la croient générale. » (*Loc. cit.*, p. 214.) C'est, qu'en effet , dans le monde organique , tout va par gradations et par nuances. On y cherche en vain des distinctions absolues et sans exceptions. Henri de Cassini a très-heureusement énoncé que , « en botanique , la seule règle sans exception est, qu'il n'y a point de règle sans exception » (*Opusc. phytol.*, t. II, p. 450.)

La même idée a été reproduite en ces mots par un des zoologistes les plus marquants de notre époque , M. Milne-Edwards : « La nature obéit à des tendances et non à des lois. » (*Leçons de physiol.*, t. I, p. 46.) Il semble que la loi de balancement soit une confirmation de la théorie du dualisme ou des deux principes contraires , que Schelling admet entre tous les corps de la nature (1) : elle peut même être considérée comme un élément et une application de cette grande loi, qui , dans tout le règne organique , se traduit par ces mots : *variété dans l'unité ;* et en fait de classification , par ceux-ci : *stabilité dans les types , mobilité dans les individus.*

En terminant ces considérations générales , je crois devoir rappeler que la question traitée dans cet écrit était , avant tout , comme il a été dit au début , une question de faits. Il y avait donc nécessité d'en inventorier un grand nombre , fût-ce même aux dépens de l'intérêt que peut comporter un pareil sujet. Ce sera là mon excuse pour n'avoir pas reculé devant cette tâche ingrate.

(1) Voir l'exposition de sa doctrine dans la *Revue des deux Mondes*, 2e sér. , t. I, p. 337 et suiv.

Toulouse, Impr. Ch. Douladoure; Rouget frères et Delahaut, succ", rue St-Rome.39.